犬声人語

文 石黒謙吾

絵 雲がうまれる

ワニ・プラス

［はじめに］

犬の声で読みたい人間語

石黒謙吾

ことわざの中の一語を「犬」と置き換えてみたら。
そんなことを思いついたのは20年ぐらい前だろうか。
それ以来、ことわざを目にし耳にすると、
犬をするりと放ち、
犬が主人公のストーリーを妄想。
脳内の上演を楽しむようになった。

そこに広がった世界では、
犬が人になり人が犬になり、
モノや自然、あるいは目に見えない現象まで、
森羅万象が犬に姿を変えていく。

時代も場所も、性別も年齢もさまざまな犬たちは、
ある時は毅然としていたり、
おもしろかったり、
力強かったり、
賢かったり、
やさしかったり、
ほろりとさせたり。

そして、なりきった役において、
ハッとなる「何か」を気付かせてくれる。

雲がうまれるさんの、
『犬しぐさ犬ことば』という本を
プロデュース&編集したのは、2015年。

本作りのやりとりの中で、
「お題をもらって絵を描くのが好きなんです!」
と聞いた時、この本を作ろうと思った。

まず、僕がことわざを決め、
イメージする内容を1行だけ書いた。
あとは、お互いが特にすり合わせるわけでもなく、
僕が文を書き、雲うまさんが絵を描いていった。
そして最後にマッチング。

犬のあれこれと、もとのことわざの意味から発想を広げた、
自由でゆるくて、でも、ぴりっと伝わる文と絵。

そんな雰囲気を感じていただけたならば、
犬ともども、作り手としてうれしいです。
犬の声で読んでみてください。

※ことわざの解説は、本来の意味と石黒謙吾の創作がミックスされたものです（念のため）

犬声人語　もくじ

人間を知れば知るほど、
私は犬が好きになってくる。

シャルル・ド・ゴール（政治家／フランス）

四《し》面《めん》楚《そ》犬《けん》

01

中国は前漢時代の歴史書、司馬遷の『史記』に出てくる故事に由来することわざ。司馬遼太郎の小説や、横山光輝の名作歴史漫画である、『項羽と劉邦』の主人公として有名な項羽の話だ。彼は、秦の始皇帝亡きあとの戦乱の時代に生きた武将で、常に厳しい戦いの中に身を置いていた。時に、敵軍に追い詰められ、周りじゅうを敵に囲まれ孤立無援の状態になることがあった。

しかし、そんな時には、なぜか彼の周りに犬たちが集まってくるのだ。緊張と不安が高まる中、しっぽを振って笑いかけてくれる犬たちを見ているとすーっと心が落ち着いた。

そして名案が浮かび、窮地を切り抜けていくのであった。

朝起きたら犬がいるけど おしり

02

少年《しょうねん》よ犬《いぬ》を抱《いだ》け

クラーク博士の残した有名な言葉である。彼は、札幌農学校で1期生との別れの時、犬を胸に抱きながら「Boys, be Dog!」（少年よ、犬を抱け！）と学生たちにメッセージを送った。博士は日本では、農学教育者として認識されているが、もともとアメリカでは、化学、植物学、動物学の教師であった。ゆえに、動物を愛し、特に犬が大好きだったからこそ生まれた言葉なのだ。そこには、犬を抱くことで、「見返りを求めない犬の心の深さや慈しみ」を若いうちに体で感じ取ってほしいという、犬好きならではの想いが込められている。ちなみに博士が抱いていた犬は、場所柄、アイヌ犬だと考えられていたが、実は柴犬らしい。

THAT'S
TOO
HOT!!

03

犬《いぬ》眼《め》鏡《がね》で見《み》る

このことわざは、僕の提唱としてたった今、生まれた。犬の目線＝犬の気持ちになってすべてのものを見てみよう。犬になってみたならば、まず、今まで体感したことがないような低い視座から世界を見渡すことになる。すると、他人を見下すことはなくなるだろう。誰かに嬉しい気持ちにしてもらったらしっぽを振ろう。つまり相手に対して、照れずにかっこもつけずに素直に喜びをぶつけよう。きっと相手も嬉しくて頭を撫でてくれるはず。不快だなと思ったら、しっぽを下げてしゅーんと静かに時を過ごそう。無理をしない、がんばり過ぎない、人の顔色を見て張り合わない。するとそこには、ストレスを溜めない、足《たる》を知った暮らしが待っている。

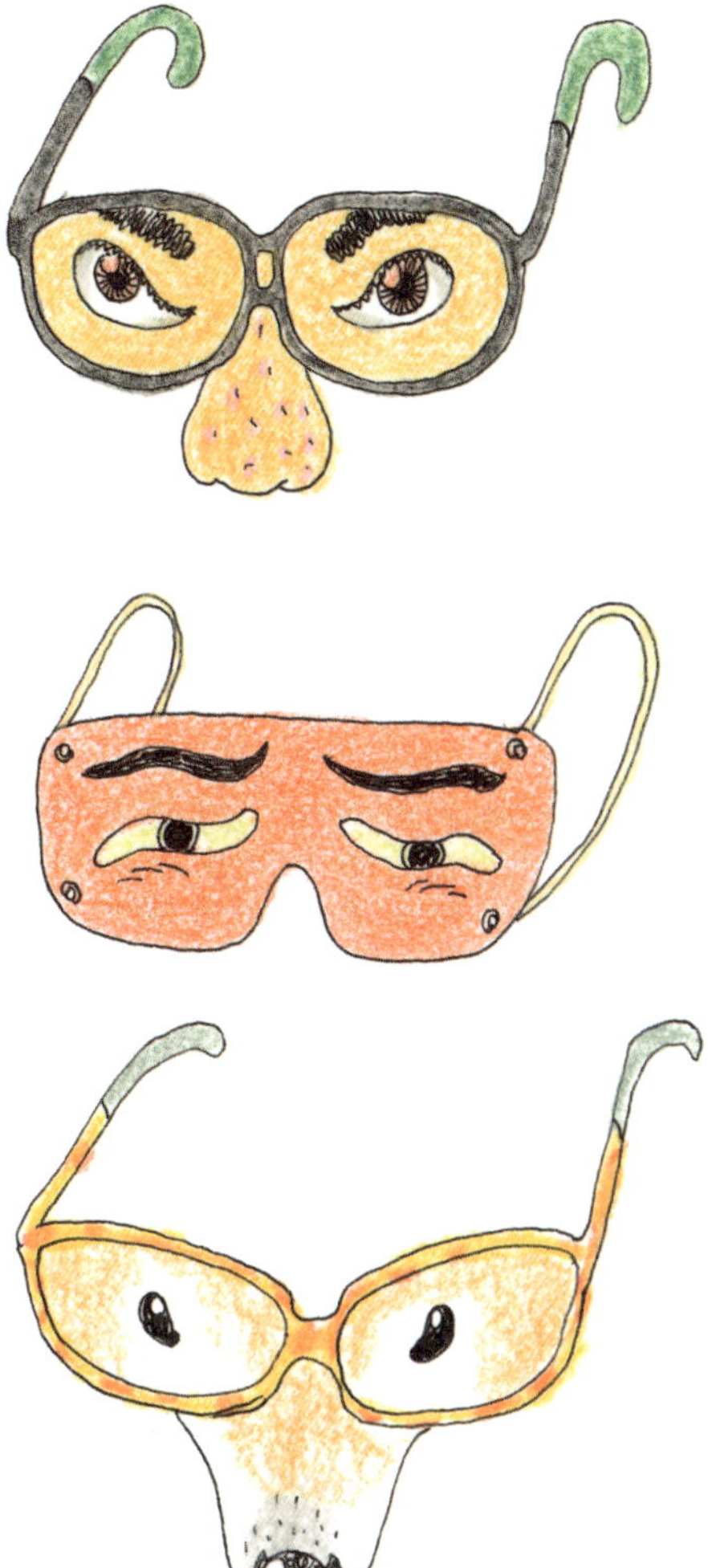

犬《けん》無《む》量《りょう》

04

盲導犬の育成には3人の親（人間）が関わっていく。「生みの親」はブリーディングウォーカーと呼ばれるボランティアで、家庭で預かっている繁殖犬から生まれた子犬を生後50日まで育てる。そこを出た子犬は、「育ての親」であるボランティア、パピーウォーカーの家庭で10ヶ月間過ごし人間の愛情を覚える。その後、訓練センターで約1年、「しつけの親」――訓練士からトレーニングを受け盲導犬を目指す。パピーウォーカーは、訓練士の判断次第で、送り出してからもたまには会うことができる。立派に成長した我が子の姿を見る育ての親、そして忘れがたき親とわかって感極まる盲導犬候補生。再会の喜びは、犬無量。

05

三人寄《さんにんよ》れば文殊《もんじゅ》の犬《いぬ》

菩薩とは「悟りを求める者」。たくさんいる菩薩の中で、智恵をつかさどるのが、文殊。その文殊菩薩、実は大の犬好きだったことが、イシグロ総研による仏教研究で明らかに。犬はもともと相当に賢い動物として知られているが、ましてや、智恵の源流である文殊の愛犬、さすがに図抜けて頭が良かった。人々はその賢さに敬意を表し、「ああ、文殊さまになることなど到底できないけれど、せめて文殊さまの犬のようになりたい！」と口々に唱えたのだった。しかしひとりではそれすら難しいと知っていたから、何か問題が生まれた時は3人寄って考えて、文殊の犬ぐらいの智恵を出そうとがんばったのである。

あなに、
うめれば
いいんだ！
そうか！
うむ

06

一《いち》富士《ふじ》二《に》鷹《たか》三《さん》犬《いぬ》

ご存じ、初夢で見ると縁起がいいものを順に並べたことわざだが、由来については諸説ある。徳川家康に縁の深い静岡の名物、富士山とそこに住む鷹、そしてたくさんいた犬、というのが有名。他には、富士が「不死」で不老長寿、鷹が「高」「貴」で出世、犬が「生き抜く」でたくましく暮らしていく、という説。

またこんな話も。江戸時代の富士信仰のより所となっていた神社で、今も「お富士さん」と呼ばれる、東京・文京区の「駒込富士神社」。この近くに鷹匠の屋敷があって、その家で犬がたくさん飼われていたところからだという。ちなみに、三以降も「四扇五煙草六座頭」「四葬礼五雪隠《せっちん》」など、続きがある。

ひゃっほー

背《はい》犬《けん》の陣《じん》

07

中国の『史記・淮陰侯《わいいんこう》列伝』にある、漢と趙《ちょう》の戦いに関する逸話に由来する。失敗できないせっぱ詰まった状況で事にあたること。漢の兵は寄せ集めで見るからに頼りない感じだった。ある場所に陣を張って長い戦いが続いていた時、韓信という将と兵士たちは陣の近くにいた1匹の犬をとてもかわいがっていた。そんなある日、趙の大軍が攻めてくる。指揮をとる韓信は、兵士の後ろに、犬を抱いて立った。すると、兵士たちは死にもの狂いで戦い敵を全滅させたのである。犬を守りたいという決死の思い、犬にもらった勇気。これこそが、背犬の陣。

へは
へは
へは
へは
へは

家紋は犬に由来していた！――①

上《あ》がり藤《ふじ》

代表的な家紋で、藤だと言われているがそれは間違い。
威勢のいい柴犬２匹が、お互いに気付かずお尻からぶつかって、
しっぽが跳ね上がった様子である。

家紋は犬に由来していた！――②

中《ちゅう》陰《かげ》変《か》わり光《こう》琳《りん》蔦《つた》

無防備に仰向けに寝ている犬が、足を天に向けていた。
あまりに美しい肉球だったので、
伊藤若冲が模写したものと伝えられている。

色即是犬《しきそくぜけん》

08

般若心経にこう書かれています。目に見えるすべてのものは色が付いているから「色」である。そしてその実態あるすべてのもののバックボーンには本質があり、それは無色透明で目に見えないのだと。さらにこう続きます。犬は本能的に人が好きであり、その、なんら計算なき澄みきった心こそが無色透明である。よって、森羅万象の存在は是即《これすなわ》ち「犬」であるということです。その指し示す意味とは？　すべてが「犬」だと悟り、犬が無垢の愛を人に与えるように、ものも他人もすべてを愛しなさい。そうすれば、すべての執着から解かれ、一切の苦しみから逃れられるのだと。宇宙における万物は犬から生まれた兄弟姉妹なのです。

光と犬の関係を だいたいで図解してみた

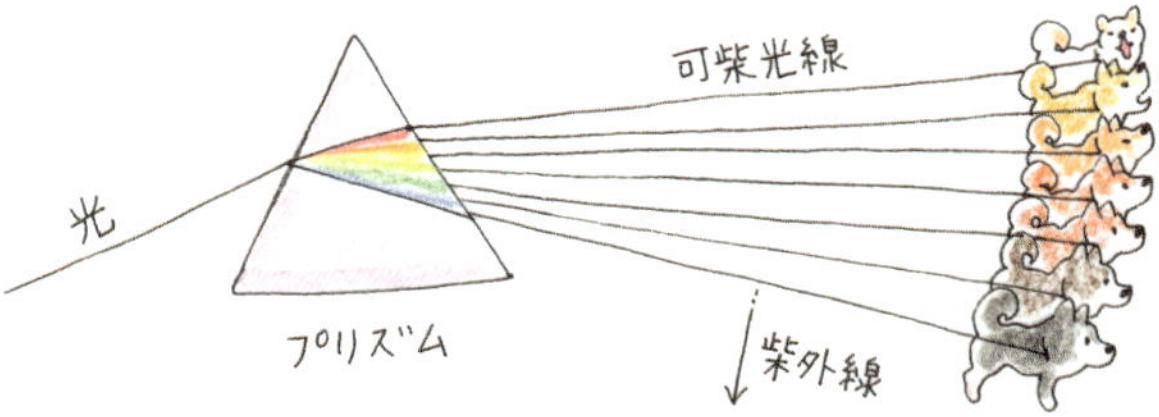

光の三原柴
（赤柴、黒柴、白柴）

印象派 点描（部分拡大）

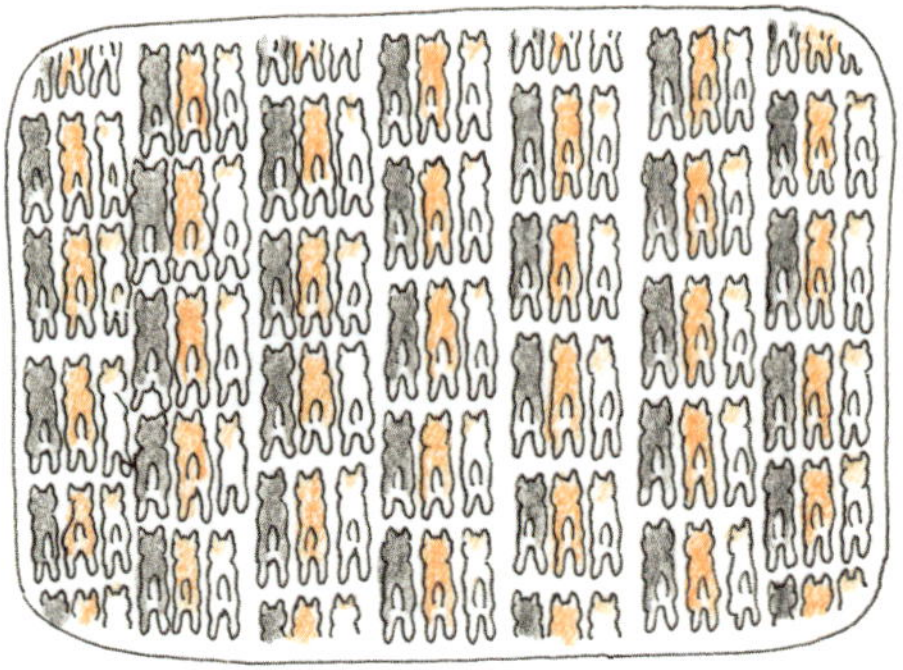

カラーテレビ 拡大

09

風《かぜ》が吹《ふ》けば犬《いぬ》が儲《もう》かる

風が吹く↓土ぼこりが立つ↓高速道路上の視界が悪くなる↓車の衝突事故が増える↓警察が忙しくなる↓警察の求人数が増加する↓警察官が増える↓治安がよくなる↓世界各国でテロが減る↓世界じゅうで海外旅行者が増える↓航空会社の株価が上がる↓株価操作の巨大ファンドが動く↓大国が勢力を伸ばし経済が潤う↓大国が宇宙ロケットプロジェクトを充実させる↓電波望遠鏡・天文台への研究費が増える↓新しい銀河が発見される↓おおいぬ座、こいぬ座に注目が集まる↓人々が犬に思いを寄せる↓つい犬に食べ物をあげたくなる↓犬が儲かる。――つまり、無理やりなこじつけのこと。

ベロ
Goal
犬は
体重×$5.000
もらえる。
油田を
持っている
ので 犬は
$70.000 もらう。
競技中に
シバメタルを獲得
犬は$47.000
もらう。
犬小屋
$1.000
犬語を聞き流す
CDが大ヒット
犬は $70.000
もらえる。
犬初の宇宙飛行士
になれる-
犬はみんな
$20.000 もらえる
あと骨も もらう。
飼っている
猫がお金
$50.000
もらう。

10

一《いっ》寸《すん》先《さき》は犬《いぬ》

京都の「いろはかるた」の「い」がこれである。同じかるたでも大阪と尾張は「一を聞いて犬を知る」で、東京は本書102ページに出てくる「犬も歩けば犬に当たる」となっている。目の前に犬がいて、他は何も見ることができない状態のこと。つまり、「この先は、犬しか見えないほど幸せいっぱいなことが起こる」という意味である。

想像してみてほしい、目の前に犬しか見えなくなる至福の時間を。深みを宿した蒼黒い瞳に映る自分の顔。濡れた鼻面が自分の鼻に当たればひんやり心地いい感触。ふさふさの体毛からは犬特有の香ばしい匂いが漂う。嗚呼《ああ》、これ以上の幸せは望むべくもない。

犬　一寸先は犬　一寸先は犬？

一寸先は尻　一寸先は闇　一寸先は●

犬《いぬ》蔓《づる》式《しき》

11

ドッグランにて。「かわいい豆柴ですね。あれ、以前お会いしましたよね？　ジャック飼ってるメグミさんの友人の……」「そうです。あ、そちらの方は？」「あれっ！　キョウコ!?　久しぶりー！　5年ぶりとか？」「びっくりねえ！」「知り合いなの？」「大学の同級生なの」「そうそう、この前もここでマミに会ってさ、びっくりだよ」「えっ、私もこの前、ここでモエに会ったのよ！」「すごい偶然ね！」「しかもモエはここでユキと会ったってさ！」「うそー、すごーい」「でね、ユキがまたさ、マリコとここで……」「で、マリコがナナとジュリと……」。みんなでつながる犬好きの輪、ＷＡ！

あっけなく おなわ

海千山犬《うみせんやまけん》

12

海原千里（上沼恵美子）が山で犬を飼っていた話ではない。長い年月の間にさまざまな経験を積んで、世の中の裏も表も知り尽くした、悪知恵を備えた犬のことを言う。海に千年住んだあと山に行った犬は竜になるという言い伝えからきている（犬は水中生物だった！）。竜とはすなわち、立派な存在になるということだが、このことわざは、ずる賢くなった犬を指すのでほめ言葉ではない。おとなしくしていな犬のことだ。たとえばこんなのに人がテーブルを離れると飛び乗って食事を食べる。おやつをもらう時になくしたフリをして再度もらう。お風呂嫌いで入れようとすると死んだフリをする。しかし、許してしまう……。

13

七転《なな》び《ころ》八《や》犬《いぬ》

江戸時代、滝沢馬《たきざわば》犬《けん》が28年をかけて書いた長編小説『南総里見《なんそうさとみ》七《なな》転八犬伝《ころびはっけんでん》』のストーリーに由来した、「犬のように、何度失敗してもめげずにチャレンジしていこう」という意味のことわざである。

物語は、室町時代。関東各地で別々に生まれた、犬の苗字を持つ8人の若者。彼ら八犬士はそれぞれ「仁」「義」「礼」「智」「忠」「信」「孝」「悌」という文字が書かれた不思議な玉を持っている。全員がさまざまな苦労や戦いを重ねながら、ある家に集結する。八犬士の名前は、「犬上信五、犬谷すばる、犬山隆平、犬山裕、犬田章大、犬戸亮、犬倉忠義、犬博貴」となっている。近年の研究でそれが、関ジャニ∞と関係が深いのではと取りざたされている。

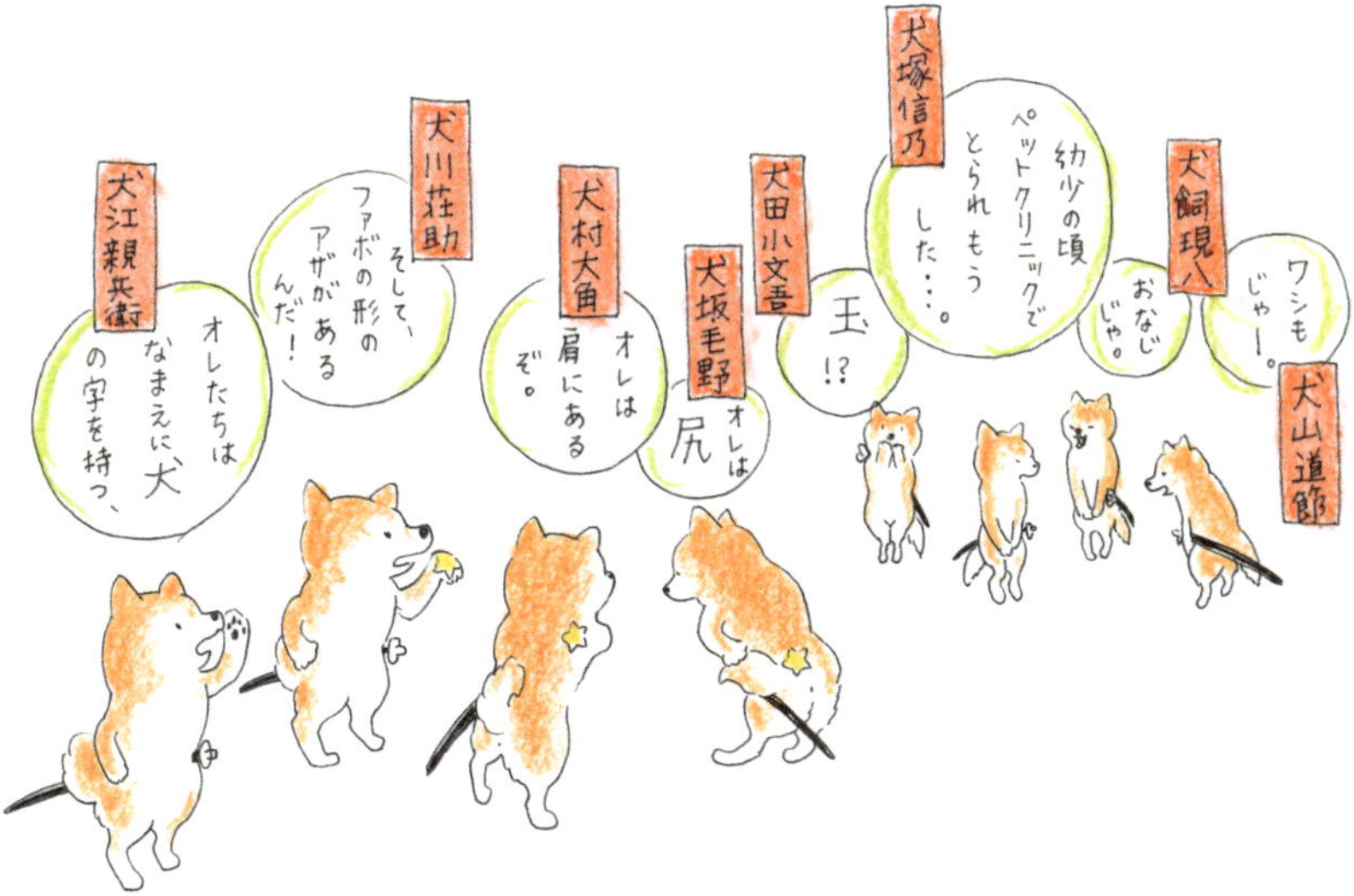
犬山道節
犬飼現八
ワシもじゃー。
おなじじゃ。
犬塚信乃
幼少の頃ペットクリニックでとられもうした・・・。
犬田小文吾
玉!?
犬坂毛野
オレは尻
犬村大角
オレは肩にあるぞ。
犬川荘助
そして、ファボの形のアザがあるんだ!
犬江親兵衛
オレたちはなまえに、犬の字を持つ、

報《ほう》・連《れん》・犬《けん》

14

学生から新社会人になり、先輩方から「甘いな……」と思われないためにはぜひ必要。1982年に山種証券の社内キャンペーンから使われ始めた。上司の指示に対してどうなったかの「報告」、共有すべき情報を知らせ合う「連絡」、何を行う場合でも常に「犬の気持ちで」の3本柱。もっとも重要なのは3番目だ。まず、犬の素直さを学べと。嬉しければしっぽを振り、不快だったらしっぽを下げてしゅんとする。この他意のなさ、計算せず腹を割った態度を目指そうということだ。あとは、すばやい察知能力を磨いていこうじゃないかと。家に近づく不審者に気付いて吠《ほ》えるように、先回りする感性を研ぎ澄ませよう。同僚の信頼はあなたの犬力《いぬぢから》から！

三方犬
経営

家紋は犬に由来していた！――③

丸《まる》に違《ちが》い丁子《ちょうじ》

素直でかしこい犬に「マテよ！」と言ったら
前脚を交差させて伏せした、その様子から。

家紋は犬に由来していた！──④

三《み》つ割《わ》り豆造《まめぞう》

３匹の子犬が狭い穴から無理やり同時に出てきて、
それぞれに飛んでいくところ。

質《しつ》実《じつ》剛《ごう》犬《けん》

15

セレブな犬が集う街、コマザワ、ニコタマ、ヨヨギコウエン……。この週末も、カワイイリードとカラー、そして華やかな洋服を身にまとったシャレオツな女子犬たちが、シャンプーの香りを漂わせながら行き交っている。『VERY』や『Domani』から抜け出してきたようなトイプー、チワワ……。みんなきらきらと、着回しの利くコーディネイト談義に花を咲かせている。そこにぬっと現れた、ひとりの和犬ミックス、オトナの男性。大きな身体にはシンプルな革のカラーとリードだけだ。特にグルーミングした様子もない毛ヅヤが、ワイルドな魅力を醸し出し、周りのセレブ女子犬たちはくらくらしてしまうのだった。

曲がった
棒は
だいきらい。

有頂犬《うちょうけん》

16

うはー、よく寝たよく寝た。ん？　もう10時なの？　人間のみなさまはみんなもう働いてるよね。それなのにオレは今頃まで寝てられて、わりーなー、ほんと、犬に生まれてよかったよ。さ、まずはおめざといくか。あるある、ササミがたっぷり。……食った食った、じゃあ散歩でもつれてってもらうとするか。おーい、ママさん、そろそろ公園までよろしくー。……うっほほーい！　いいねいいねー、ボール投げ、テンションアガルねー！　はい、もっともっとー！　お!?　あれは憧れのトイプー、さとみちゃん！　オレの躍動感溢れる身のこなしを見てるじゃねえか！　お、近づいてきたぞー！　真横にいるー！　うおおおお！

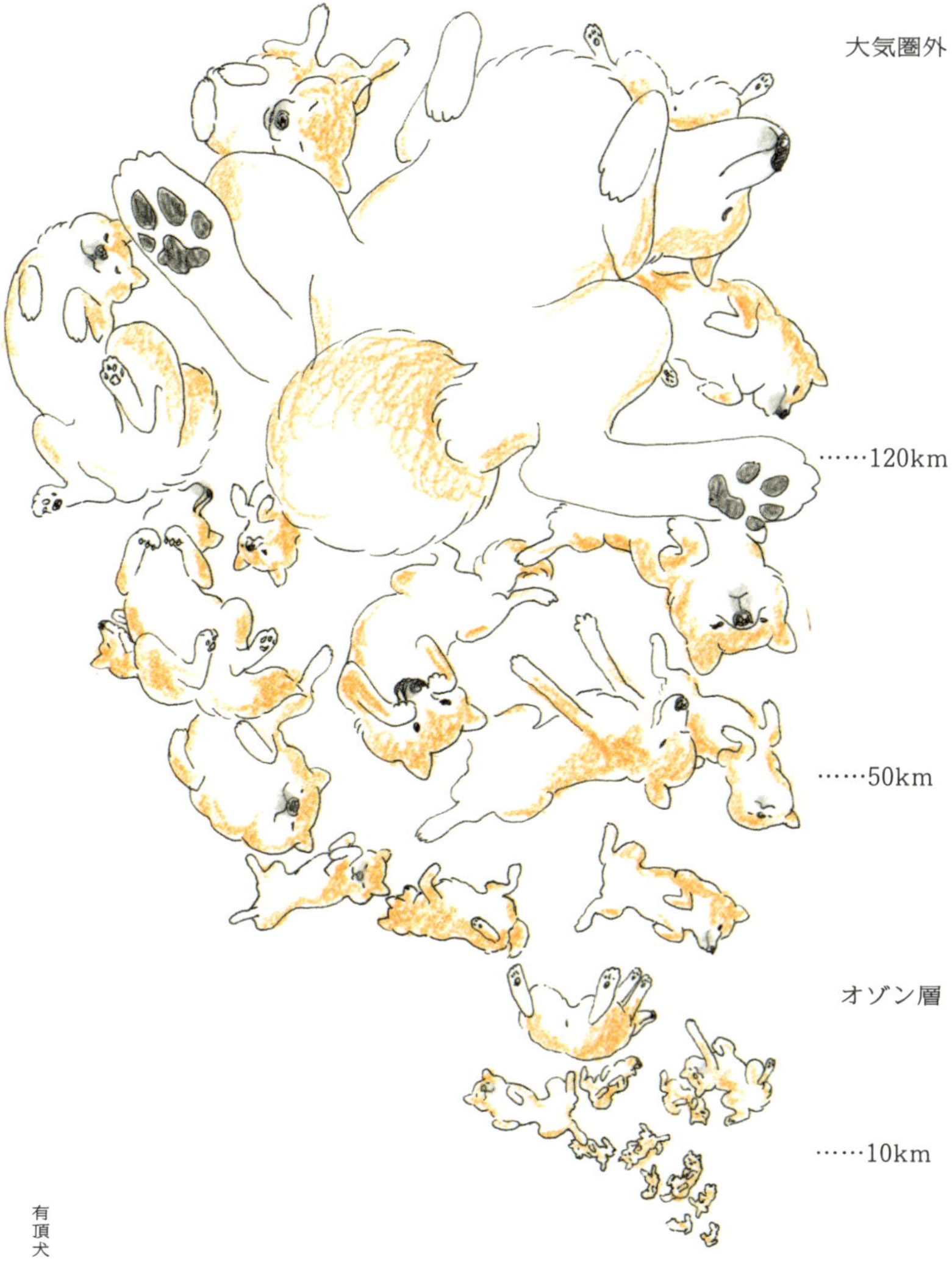
大気圏外
……120km
……50km
オゾン層
……10km

両《りょう》手《て》に犬《いぬ》

17

●両手に猫　●両手に文鳥　●両手にリス　●両手に亀　●両手に金魚　●両手にハムスター　●両手にハツカネズミ　●両手にニワトリ　●両手にショウジョウバエ　●両手にクモ　●両手にカタツムリ　●両手にガマガエル　●両手にカマキリ　●両手にウニ　●両手にタカアシガニ　●両手にカメレオン　●両手に電気クラゲ　●両手にオニヒトデ　●両手にイルカ　●両手に鹿　●両手にチンパンジー　●両手に馬　●両手に豚　●両手にライオン　●両手に象　●両手にガラガラヘビ　●両手にピラニア　●両手に虎　●両手にキリン　●両手にゴジラ　●両手に……うーん、やっぱり犬で決まりだよね。

犬がグウィーンってなると、
地下の石油でも見つけちゃったのかなって思うよね。

18

天上天下《てんじょうてんげ》唯我独犬《ゆいがどくけん》

すべての犬は、生まれてすぐ、7歩歩いて右手で天を指し、左手で地を指して「天上天下唯我独犬」と必ず言い放つ。「自分は誰にも変わることができないただ1匹の犬という存在として生まれてきたのだ」という意味である。こうして犬は、よくも悪くも自分に自信を持ち、オモテウラのないまっすぐな心を携えてすくすくと育っていく。人間のように何事にも優劣をつけたり他者と比較したりはしない。優越感にも劣等感にも無縁のストレスフリーな生き様を貫いて。人間のすれきった目には時にその態度が偉そうに映るかもしれない。しかし犬たちはこう言いたいだけだ。自分という存在がオンリー「ワン！」なのだと。

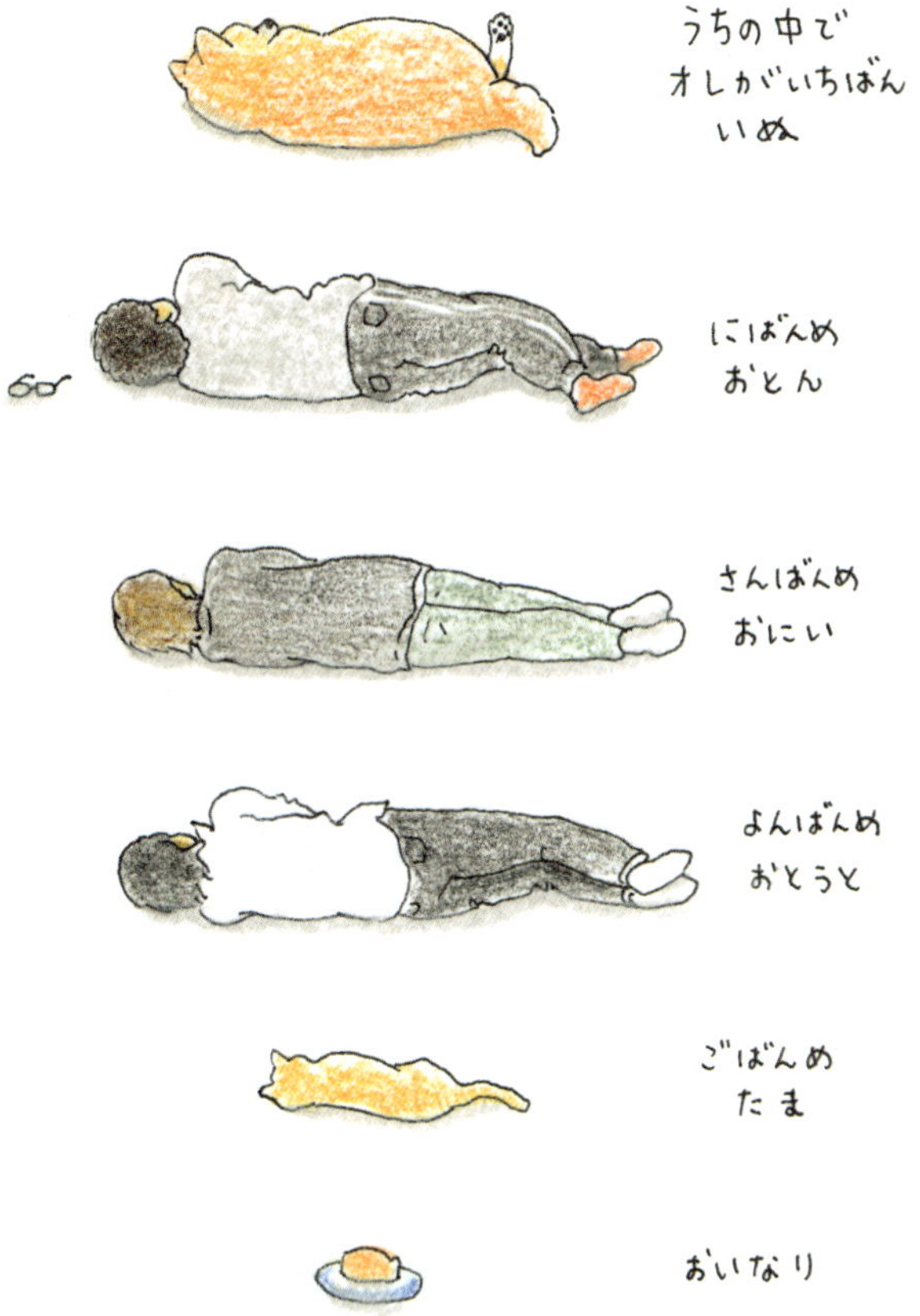

犬は家族に順位をつける

19

一宿一犬《いっしゅくいっけん》の恩義《おんぎ》

交通機関が発達する前は、旅といえば、すなわち歩くことだった。代表的な例ならば、東海道五十三次をひたすら歩いて向かうお伊勢参りとか。有名な街道をゆく旅人は、日が暮れれば宿場に泊まる。しかし田舎道にはそうそう宿場があるわけじゃない。そこで、通り道にある民家に頼んで泊めてもらう。ここで疲れ切った旅人をいやしてくれるのが犬だった。人はひとつ屋根の下で犬とふれ合い、遊び、笑顔と人心地を取り戻していった。こういうことが重なり、犬を飼う宿場も増えていったとか。そして、泊めてもらったうえに犬と過ごした恩を忘れないように、ひいては、ちょっとした恩義を忘れないようにとの思いを込めて、このことわざが生まれた。

これ
おみあげです

20

運《うん》を犬《けん》に任《まか》せる

都会の片隅に、ひっそり暮らす初老の男がいた。彼の暮らしぶりは貧しいものだった。若い頃、食品製造工場をクビになってからは、職を転々とし、なんとか食いつなぐだけの生活をすでに40年近く続けている。ある日彼は、公園に捨てられていた子犬を拾う。自分の姿をそこに見たような気がして、思わず抱き上げ家に帰った。運良く自分に拾われた犬に「運」と名付け、大切に育てはじめ、そして数ヶ月後。夢を見る楽しみで月に1度、1枚だけ買い続けていた宝くじを、ふっと思い立ち、犬が近づいていく売り場で買ってみることにした。すると……奇跡の1等が当選したのだ！　この逸話からこの言葉が生まれたのである。

21

犬眠《けんみん》暁《あかつき》を覚《おぼ》えず

中国・唐の時代を代表する詩人、孟浩然《もうこうねん》の詩「犬眠不覺曉　處處聞啼鳥　夜來風雨聲　花落知多少」に基づく。孟浩然の愛犬は一度寝たらまったく目を覚まさず、あまりにも心地良さそうに寝ていることからこの詩を詠んだ。解釈はこう。「犬の眠りは夜明けになっても気付かないほどである。おっと、もうところどころで鳥がさえずっているではないか。昨晩は風雨が吹き荒れる音が激しかったなあ。かなりの花びらが散ってしまったな……。そしていま目の前に眠っている我が愛犬はそんなことなどまったく知らないだろう。それもまた幸せなことである」と、犬、自然、人の、無常観をたんたんと描いている。

家紋は犬に由来していた！――⑤

丸《まる》に覗《のぞ》き二本杉《にほんすぎ》

双眼鏡を覗いていて、杉があるなと思ってよく見ると、
耳がピンと立っているドーベルマンだったというお話から。

家紋は犬に由来していた！──⑥

陰《いん》陽《よう》州《す》浜《はま》

黒と白のプードル２匹が散歩しているところを
後を追うように後ろから見ていたら、
食べ物があったのか、同時に下を向いた。

春一犬《はるいちけん》

22

「雪が溶けて川になって流れてい」く季節、春。「つくしの子が恥ずかしげに顔を出」す季節、春。そんな春には、生きとし生けるものすべてが、いのちの息吹を感じ取る。もちろん、犬もそう。やっと長かった冬が終わったんだと気付かせてくれるのは、生あたたかな風が初めて吹いた日。日だまりで、むっくり起き上がった小さなメスの柴犬が3匹。追い風を受けながら嬉しそうに仲良く並んで走り出す姿は、「重いコート脱いで出かけませんか」と言っているよう。そう、ワンワンと「ないてばかりいたって幸せはこないから」「もうすぐ春ですねえ、恋をしてみませんか」。そう歌い出しそうな3匹。

穂口雄右さんが作詞・作曲してキャンディーズが歌った楽曲「春一番」（1976年）の歌詞を用いたオマージュです。

特集　春一番コーデで魅せる尻

犬明開化《けんめいかいか》

23

「散切《ざんぎ》り頭を叩いてみれば犬明開化の音がする」西洋から入ってきた、ちょんまげを切り落とした髪型で、犬に洋風の名前を付ける人を賞賛した言い回しである。犬明開化という言葉を初めて使ったのは福澤諭吉。明治8年（1875年）に出た『犬明論之概略』の中で「civilization of dog」の訳語として使った。明治初期、世の中は西洋文明礼賛の機運に溢れありとあらゆるものが西洋化したが、中でももっとも大きなうねりとなったのが犬の名前だった。それまでの、ぽち、太郎、福、小鉄などの純和風から、ジョン、メリー、マロン、ラッキー、レオなど洋風への急激な変貌ぶりであったと記録に残っている。

こたろう多っ！
キラキラネームブームに
とりのこされ和犬
わんこ。

犬《いぬ》が豆鉄砲《まめでっぽう》を食《く》ったよう

24

2月3日は我が家の結婚記念日、は置いといて、世間的には節分。うちでもやはり、簡単にだけど豆まきをする。玄関の外に向けて「鬼は～そとー！」、玄関から中に向けて「福は～うちー！」。そこに現れたるは豆柴の「センパイ」。女性であるにもかかわらずその食い意地の張り方は、犬界ではちょっと有名。「あ、あたちもあれは食べられましゅ！」と飛んできた。遠くから弟猫「コウハイ」の視線が。「ねえたん、食べ物見ると目が血走るニャ……」。センパイは、そんなことなどおかまいなく飛び交う豆に向かって突進すると……顔じゅうに豆がぶつかって何事かときょとん。まさに「豆」柴だ。

犬が豆鉄砲を食ったよう

帯《おび》に短《みじか》し犬《いぬ》に長《なが》し

25

商社に勤めるエリカは大卒4年目の26歳。実家である青山のマンション住まいで、何不自由ない華の独身生活を送っている。ある休日、和っぽい気分に浸りたくて友人と浅草へ。布地のお店があって入ってみる。そこに、心惹かれる模様の布地を見つけた。趣味で日舞をやっているから「これで帯を仕立てるわ！」と衝動買い。しかし翌日、なじみの呉服屋に持ち込んでみたら、この長さでは帯にするには足りないと言われてしまう。諦めて帰宅すると、父が、愛犬の散歩用としてリードにしようと言う。なるほどとなって、カラーにつないでみたがこれはもうまったくもって長過ぎて、断念しましたとさ。

あ〜れ〜〜〜〜

26

似《に》た犬《いぬ》夫婦《ふうふ》

夫婦は顔が似ているという話がある。「自分の顔に似ている人を好きになるからだ」という説があるが、これは自分の周囲を見渡しても有名人を見ても、違うよな、と思う。対して「一緒にいるうちにだんだん顔が似てくる」という説はそこそこ納得できる。その説を実験で検証した学者がいるらしく、結果はそうなったのだとか。顔じゃなく、しぐさや表情などはもっとはっきり表れそう。さあ、そんな夫婦であれば、好きな犬もだんだん似てくるんじゃないかと考える。結婚生活が長くなってくればなおさらだ。たとえば、独身時代はチワワが好きだったのに、いまは柴犬、とか。巨人ファンの奥様が結婚後に、夫の影響で阪神ファンに変わるように……。

おとうさん
ボール ひとりじめして
ごめんなさい
おかあさん
ようふく きらいで
ごめんなさい

つきあいわるいけど、
ごめんなさいしてるとき うんとかわいい

27

手《て》に犬《いぬ》を握《にぎ》る

まだ人間が洞窟に住んでいた時代。犬は人間の近くで食べ物をもらいながら共に暮らし、番犬の役割を果たしていたのだろう。いつ、どう猛な動物に襲われるかわからない、生き抜くだけでも厳しい大自然。夜になれば、たき火も消して人も犬も眠りにつけばあたりは漆黒の闇。寝静まった頃、遠くで、カサッと葉っぱがこすれる音が聞こえた。並んで寝ていた人にも犬にも、音に気付いて緊張が走る。音はじわりじわりと近づいてくる。人は汗をかいた手で犬の肉球を握る。犬も不器用に握り返す。すると……音をさせていた小鳥が飛び立ち、緊迫の時は過ぎ安堵の瞬間。そんな太古の習性が、人と犬には残っているのである。

おねーちゃーん
リラークスー！

犬客万来《けんきゃくばんらい》

28

京都は四条烏丸、蛸薬師通新町西入ルにある「Dog Cafe」という名前のドッグカフェ。今ではドッグカフェといえば店名じゃなくジャンルのこととして定着しているけれど、日本の「犬と入れるカフェ」のルーツはここである。オーナーのあきちゃんが「Dog Cafe」を神戸にオープンさせたのは1997年のこと。その頃、僕たち夫婦はあきちゃん夫妻と仲良くなり、今もおつきあいしている。その後、京都にも町家を生かした同店を開き、神戸を閉めて現在は京都で。カフェを切り盛りするのは、とくちゃん。そして飼い犬、つち。ここにはいつも、「人間を連れた犬のお客さん」が次々と訪れる。犬客万来、犬客万歳！

犬とか めっちゃ来るの だれのおかげか

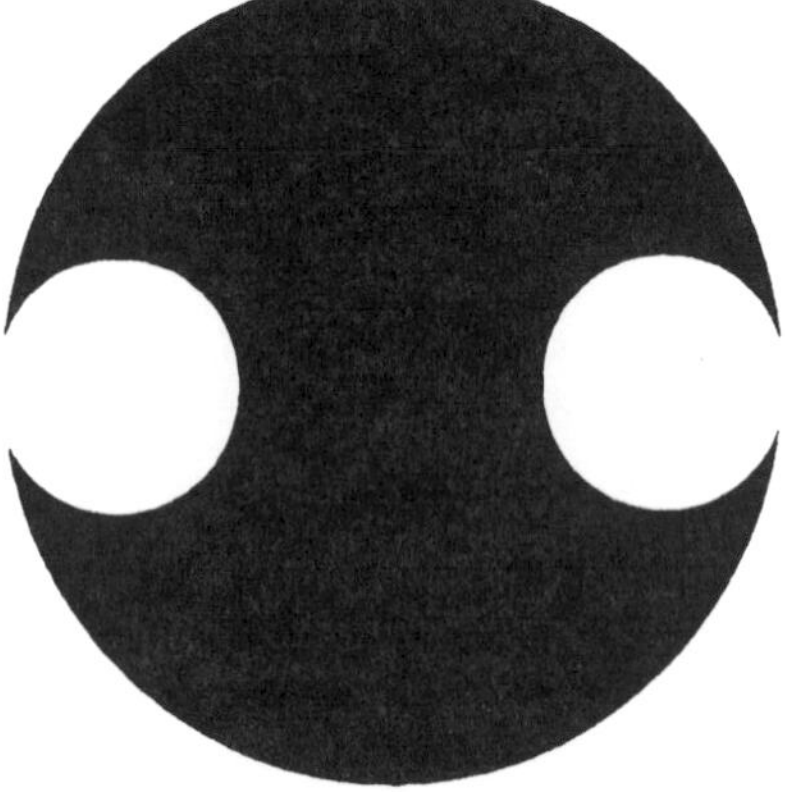

家紋は犬に由来していた！――⑦

分銅《ふんどう》

やや広がり気味な犬の鼻。

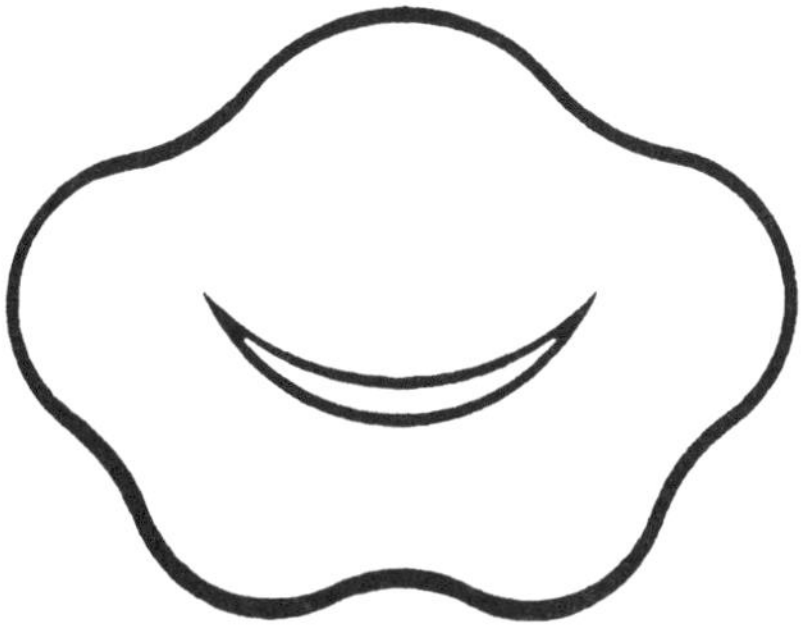

家紋は犬に由来していた！──⑧

中陰光琳梅《ちゅうかげこうりんうめ》

笑っている犬のマズルを正面から見たところ。

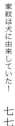

寝《ね》耳《みみ》に犬《いぬ》

29

犬は人を舐めるのが好きだ。散歩中、犬好きな人が寄ってきて撫でられたりしたらもう大変で、飛びついて顔をべろべろ舐める。うちの豆柴センパイもまた、よく舐める。普通の犬と同じように「愛情表現」で舐めることはもちろんあるけど、あれ？ これ、ちょっと違うかも？ と感じるのはそこに何かを「要求」するメッセージを込めている場合。まず、汗だくで草野球から帰れば、首もとを舐める。「キタナイから早くシャワー浴びてー！」か。夕方、ごはんタイムが迫りお腹がすいてくると口もとをべろべろ。わかりやすい。そして、朝寝坊をしていると、早く起きろというサインでなぜだか耳の穴の中を！ まあ耳そうじをしなくていいから助かるけど……。

30

英雄《えいゆう》犬《いぬ》を好《この》む

英雄と聞いてイメージする人物、典型的なところではナポレオンか。しかしこのことわざから真の英雄を検証すると、その答えは上野公園にあった。愛犬「ツン」を連れた西郷隆盛の銅像だ。西郷どんは、犬を20頭ほど飼っていたり、ウナギを食べさせたりという大の愛犬家だったという。他にも英雄たちは犬好きだった。近代日本の経済を形作った渋沢栄一。「ワンマン宰相」ならぬ「ワンワン宰相」とまで呼ばれた吉田茂。聖徳太子の愛犬は「雪丸」。アメリカ大統領の愛犬家からは、F・ルーズベルト、ニクソン、オバマ……。なお、CMの世界においては「ソフトバンク犬を好む」と言われていたが、最近、犬猿キジが登場し「au犬を好む」とも言うようになった。

左上から時計回りに、西郷どんの愛犬ツン・しっぺい太郎・
花咲か爺さんのしろ・元犬のシロ・鴻池の犬クロ・
桃太郎さんのお供の犬・干支の犬

亀《かめ》の甲《こう》より犬《いぬ》の功《こう》

31

犬を飼ったことがない人があることを成し遂げようとしてなかなかうまくいかないのに、犬を飼っている人がなんなくやり遂げてしまった時、前者が後者に対して使う言い回しである。「さすが！　亀の甲より犬の功ですね！」。もともとは、1万年生きると形容される長生きの亀を引き合いに出し、「亀がそんなに長生きしているとはいえ、その甲羅なんかより、賢い犬と暮らして覚える智恵のほうがよほど役に立つ」ということを表したことわざ。犬の行動を見て犬の気持ちをイメージしていくだけでも、普段の生活では身につかない知識が貯まっていく。それほど犬は人々にとって大切な、最大級に尊ぶべき存在なのである。

長年の経験により、こうなると
自力では起きられないとわかっている。

長年の経験により、こうすると
だれか通るたんびにワシャワシャしてもらえるとわかっている。

輪《りん》廻《ね》転《てん》犬《けん》

32

昔々あるところに、ひとりの青年が住んでいました。魚の行商で暮らしている青年は、物心ついた時から、犬を見るとなぜだか無性に、心が締めつけられるほど犬が愛おしく感じるようになっていました。日々、道端にいる野良犬たちに魚を与えてばかりで、商売にならないという有り様。ある日、冬山の夜道を歩いていて、過労により道に倒れて動けなくなってしまいました。ああ、このまま死んでしまうと思いつつ意識が遠のいて……。翌朝、青年の周りには20匹の犬が身体を取り巻き暖めていた。そのうちの1匹の犬が言います。「あなたの前世はずっと犬でした。そして次の世でも、またその次の世でも犬に生まれるのです」

厳しい修行をしなくても「なむいぬだぶつ」を唱え
お水ボウルを鳴らして踊るだけで、来世で犬に生まれかわれるという
踊り念仏が、庶犬の間で大流行。

風林火犬《ふうりんかけん》

33

ご存じ、武田信玄の旗指物——軍旗に書かれていた言葉である。全文は「疾如風　徐如林　侵掠如火　不動如犬」（はやきこと風の如く　しずかなること林の如く　しんりゃくすること火の如く　動かざること犬の如し）で、それを短くまとめたもの。もともとは、中国の『孫子』に出てくる文章で、信玄がそれを引用したわけだ。さて最後のくだり「犬」だけ、大自然と違うが、これは信玄の愛犬から出た比喩とされている。その犬は、信玄の館《やかた》が敵の夜襲に遭った際にも、まったくビビらず、微動だにしなかったほど。その泰然自若とした大物ぶりには信玄の家臣たちも一目置いていたという。犬種はもちろん、甲斐犬である。

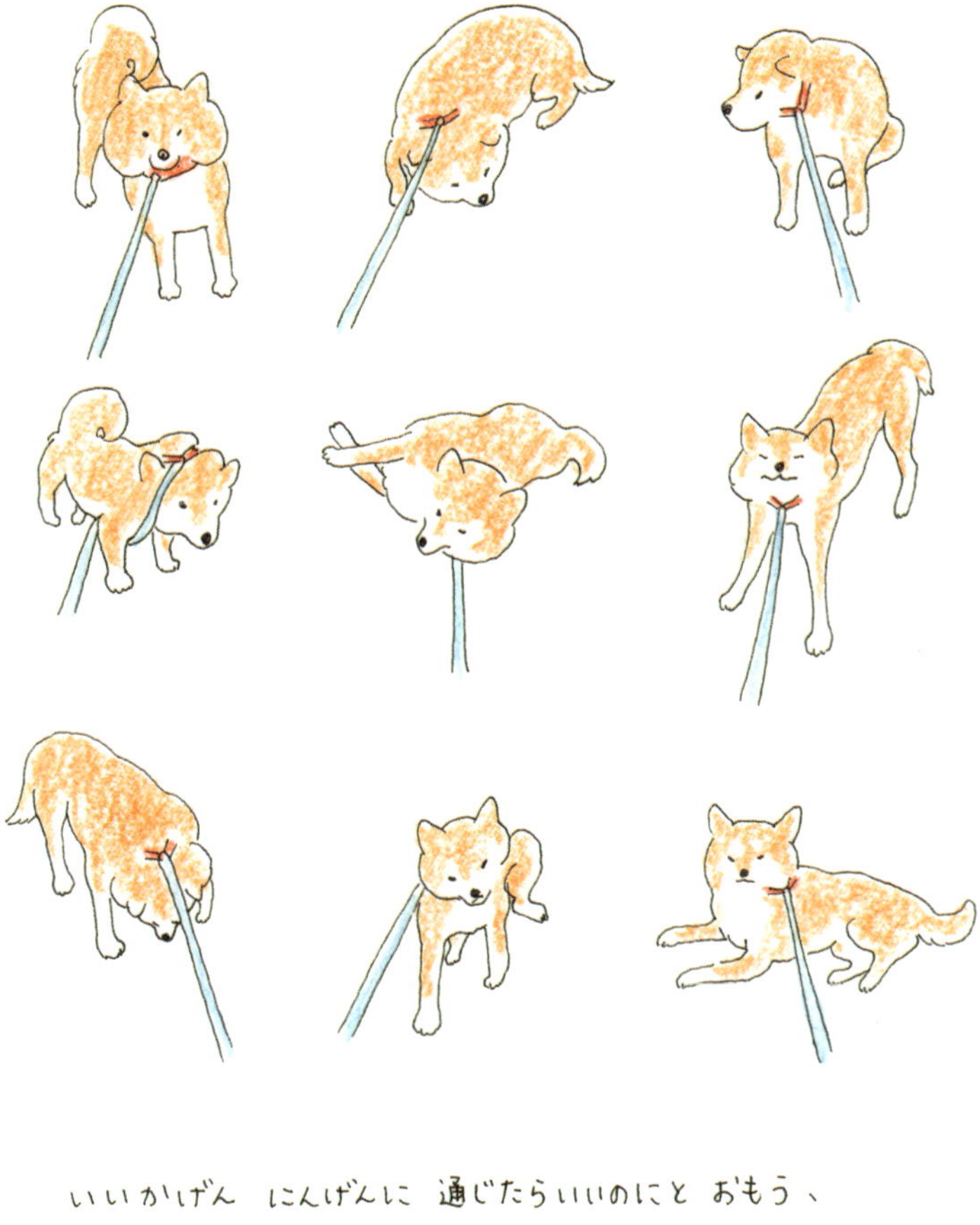

いいかげん　にんげんに　通じたらいいのにと　おもう、

犬しぐさ犬ことば

34

壁《かべ》に耳《みみ》あり障子《しょうじ》に犬《いぬ》あり

犬は家の中のことをなんでも知っている。「家政婦は見た！」じゃなく「家政犬は見た！」である。周りに人間がいないと思って話した内容が犬にはつつぬけだ。言葉がわからないと思っていたら痛い目に遭う。たとえば……。夫婦ふたりで、親戚の付き合いにくい人のグチをこぼしていた。「おばさん、さっすがに一緒にいるとキツイよなあ」。後日、その親戚が訪ねてきた。しばらくすると「あなたたち私がいないと思って悪口ばかり言ってるんでしょう！　キーッ！」「と、とんでもないですよ！　誰かそんなこと言ってましたか」「しらばっくれないで！」。ドアの陰からそっと犬が覗いていた。

35

犬《いぬ》の垢《あか》を煎《せん》じて飲《の》む

犬は人間に比べてかなり徳の高い、純粋無垢な心根をしているので、その体から出る垢を煎じて飲み、少しでも立派な存在である犬にあやかるように、そう心がけるためのことわざ。一般的に「煎じる」とは、薬草やお茶から成分を煮出すことなので、つまり、犬の垢には、体や頭や心をよくする成分があるというわけだ。そこでまず、犬から垢を採取しなければならないのだが、体毛に覆われているので体からは不可能。そこで、ターゲットは、耳垢と歯垢である。まずは、こまめに愛犬の耳そうじと歯垢取りを行って、都度、小瓶などに溜めていく。溜まったらじっくりと煮詰め、湯呑みに移してからおいしくいただこう。

WANTed!!
ゴーリゴーリゴーリ
ゴーリゴーリ

家紋は犬に由来していた！──⑨

土《と》岐《き》桔《き》梗《きょう》

柴犬のチャームポイント！
くりんと巻かれて上を向いたしっぽ、
その下にあるものは……。

家紋は犬に由来していた！── ⑩

折《お》れ酢漿草《かたばみ》

そして、右の家紋から、
ぼたっと地面に落ちたものは……。

紅一犬《こういっけん》

36

女子犬がひとり、ドッグランに。「わーいわーい、ここ初めてきたけど、ドッグランってやっぱり気持ちがいい。今日もいっぱい友だちできるといいなあ」。入口を通過、近くに男子犬1（お、かわいいコじゃん！　初めて見る顔だな）。ちょっと離れたところにいた男子犬2（好みど真ん中……ち、近く行こ……）。遠くにいる男子犬3（お、なんだかみんなあっち行ってるけど何かあったのかな?）。少し中に進んだ女子犬の前に現れた男子犬4「ねえねえ、遊ばない?」。同じく男子犬5「よかったらLINEふるふるしない?」。戸惑う女子犬が「はあ……あのその……」と言っている間に周りじゅう、男子犬が取り巻いていた。

くろしば ひっこい…
いや オレ 桃尻カット かぎたいし。
もう やめとく？
これなんの ぎょうれつ？

37

蝶《ちょう》よ犬《いぬ》よと育《そだ》てられる

「乳母《おんば》日傘」「目の中に入れても痛くない」と同義でもあるこのことわざだが、その語源となったのは平安時代末期にいたある犬だった。その雌犬の名は「柴姫」。平安貴族と呼ばれた公家で飼われていた母犬から生まれたかわいい子犬、柴姫。家族の寵愛ぶり溺愛ぶりは、京の都じゅうにとどろきわたるほどであった。食事となれば、漆塗りに螺鈿《らでん》のお膳に並ぶ、料理人たちが腕をふるうオーガニックフード。宮廷の庭では、貴族、将軍、武士たちと蹴鞠《けまり》に興ずる。散歩の際は、足の裏に異物が刺さらないよう、進みゆく道には、延々と侍従が四つん這いになり、その上を歩いた。十二《じゅうに》単《ひとえ》を身にまとった柴姫の姿は一般庶民にはまばゆいものであったという。

ちょうちょう、あれ
チョウチョウ ちゃう？
チョウチョウ！
チョウチョウ
ちゃうんとちゃう？
チャウチャウ
ちゃう？
チャウチャウ
ちゃうんとちゃう？

38

割《わ》れ鍋《なべ》に綴《と》じ犬《いぬ》

人間、どこか至らないところがあって当たり前。完全無欠なんてむしろキモチワルイ。その欠点をカバーしてくれるのが犬だ。怒りっぽい人には温厚な犬が。ちゃかちゃかと落ち着きのない人にはのんびり屋の犬が。人見知りな人には人なつっこい犬が。融通の利かないカタブツな人にはだらしない犬が。という具合。この例を逆にしても同じで、ちゃんと補完し合う関係となって人と犬はうまく暮らしていけるのだ。一緒に歩けば、気持ちいい「人犬格」のワン！セット。これは夫婦と同じだな、と思ったけど、そうならば、犬がいる夫婦だと、夫と妻、どちらとセット？　それとも三権分立的構造、なのか……？

ばくのおか
あさんはとてもダ
んぽであるくときは
くがいっつもひっぱ
たもうふをすぐぺ
りカりのしたに
あさんにもとく
すごくしやわせ
んのねがおをみてい
すごくいやされます。
こんなと
くにぴったりのおかあさんだと
もいます。

39

机《き》上《じょう》の空《くう》犬《けん》

少年は犬が飼いたかった。地方都市のはずれにある2DKの賃貸アパートは、父母、姉、弟の5人家族には手狭で、とても犬を迎え入れられる環境ではない。でも、家族全員、犬が大好きだった。父の実家は小さな動物病院を営んでいて、その思い出話を子供たちは団らんの時間に聞かされて育った。少年の犬への想いは日々つのり、家で宿題をしていても学校で授業を受けていても、いつも犬を飼って幸せに包まれた生活を送る妄想が膨らんでいく。空想の中にいる小さな柴犬を撫で回し、顔を舐められボール遊びをする。そのイメージはいつしか少年の机の上に固定され、映像となって常に浮かび上がるようになった。僕のエアドッグよ、永遠に。

ハナホンアプリで柴犬を再生

犬《いぬ》も歩《ある》けば犬《いぬ》に当《あ》たる

40

２０８３年。強欲にまみれた人類は滅亡し、純粋な心を持った犬類の世界が訪れていた。そして日本では、都市部への犬口集中が大きな問題となっていた。犬都会の華やかさに憧れる若犬たちは、高校を出ると夢と希望に鼻を膨らませしっぽを振りながら地方をあとにした。都市には犬学生が溢れ、繁華街に、学犬、社会犬が入り乱れて、喧噪……いや、犬噪が渦巻く。休日の六犬木ヒルズには、ショッピング、食事、映画、デート、ワクチン注射、しつけ教室、アジリティ、ボール投げなど、次から次へなだれ込んでくる、犬、犬、犬、また犬……。どこを歩いても老若男女犬で、立錐……いや、座錐の余地もない。まさに、犬が歩けば犬に当たる社会となっていたのだ。

遠くの犬や近くの犬 対岸の犬などに 出会うわけです

木《き》を見《み》て犬《いぬ》を見《み》ず

41

むかしむかし、中国は唐の時代のことじゃ。今の山東省の山あいに、犬を飼っている初老の男がひとり暮らしておったそうな。男のただひとつの楽しみはバードウォッチングじゃった。毎朝の犬の散歩は、必ず高級双眼鏡を手に出かけておった。山道の両脇に延々と連なる木々の1本1本を、双眼鏡で舐め回すがごとく見ていくのじゃ。こんな日々が続き、男は一緒にいる犬を気にしなくなり、足もとを見て歩かなくなったそうじゃ。そしてある日、男は足もとの道が地崩れしていることに気付かず崖下に転がり落ちていった。オタク的に一点集中で生きていると手痛いしっぺ返しが来るということわざは、ここから生まれたのじゃ。

しっぺ返し、生あたたかい

盆《ぼん》と犬《いぬ》が一緒《いっしょ》に来《き》たような

42

江戸時代、商家で働く奉公人は、年に2回、正月とお盆しか休みをもらえなかったという。そのふたつがいっぺんに訪れたような状態、つまり、嬉しいことが重なることを「盆と正月が」と言っていた。

時は流れて昭和から平成……。週休2日が普通になり、ゴールデンウィーク、シルバーウィークなんてものまで現れ、人は休みがあることに慣れっこに。そして、正月だからといって田舎に帰省することも減ってきた。しかし一方、せちがらい日々の中、人々はいやしを求めた。その行き着く先に見えてきたのが、犬である。夏休みに犬と遊ぶほどの幸せを表すのが、この言葉なのだ。

おぼうさんの おざぶ すきー

家紋は犬に由来していた！── ⑪

左《ひだり》一《ひと》つ巴《ともえ》

サンショウウオではなく、犬である。
冬は、ふとんの上で丸まって寝ている。

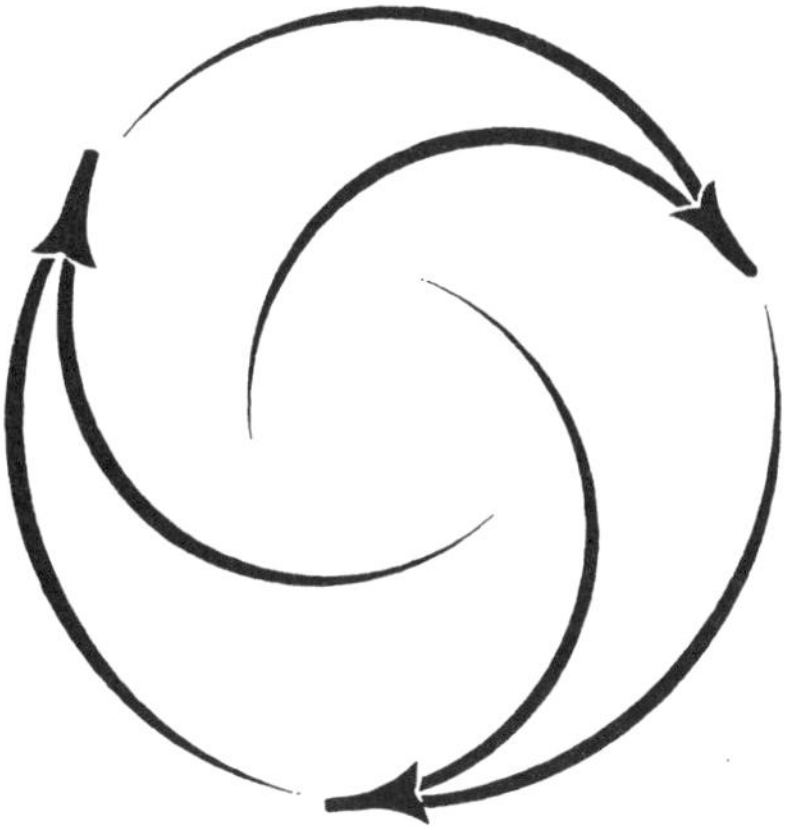

家紋は犬に由来していた！──⑫

三《み》つ追《お》い松《まつ》葉《ば》の丸《まる》

ドッグランに来た嬉しさで、あっちこっちと飛び回り
大騒ぎする３匹が、繊細なタッチで鳥獣戯画風に描かれている。

鳴《な》かぬなら鳴《な》くまで待《ま》とう犬《いぬ》

43

言わずと知れた、徳川家康の辛抱強い性格を表した句である。265年もの長きにわたって平和が続いた江戸時代。安泰の幕府の礎となったのが江戸城である。家康は根城の守りを幕府存続の最重要課題と考え、徹底的な調査・研究を重ね、堀、石垣、本丸、天守台などさまざまな普請を進める。しかし、拭いきれない不安がつきまとう。そんなある日、道行く家康は1匹の犬を目にして閃《ひらめ》いた！「城内に番犬を置けばいいのじゃ！」。すぐに番犬の養成に着手するが、当時は方法もわかっておらず、気長に、不審な人物が石垣に近づいたら犬が吼えるようになるまで、いつまでも待っていたという。

いや、わかるけども…マジでかー
31556926
x 48

以心伝犬《いしんでんけん》

44

もともとは禅宗からきた語で、人から犬に、言葉や文字では表すことがなかなか難しい心の機微を伝えること。訓読すると「こころをもっていぬにつたう」となる。転じて実際の用法としては、犬には話しかけなくとも人の考えていること、心の動き、伝えたい微妙なニュアンスなどすべてが伝わっているということ。以下のような用例となる。「まったくポチったら、さっきもらったチーズあげようかとちらっと考えただけで、走ってきちゃった！　まったく、以心伝犬ね」「ツイッター見ながらかわいい犬の画像見ていやされてたのね。そしたら、以心伝犬というか、ロックがヤキモチ焼いてすごい顔してにらんでたの」。

伝えたいって、とってもかわいい

犬《いぬ》の居《い》ぬ間《ま》に洗濯《せんたく》

45

似たことわざに、「鬼の居ぬ間に洗濯」がある。いつも監督されてるような立場の人や、口うるさい人などがいなくなると、ほっとできるのでその間にのんびり息抜きしようということであり、洗濯とは「命の洗濯」ということ。対してこちら、いなくなるのは鬼じゃなくて犬、洗濯はまんま洗濯であり、意味が真逆となる。犬を飼っている家のあるあるネタが由来だ。ベランダに出て洗濯物を干そうと、衣類を広げたりハンガーにかけたりしていると、犬がすっ飛んできて洗濯物引っ張って汚れ放題……。なので、家人と散歩に出たタイミングを狙って洗濯しよう、転じて、今こそ気を引き締めようという時に使うようになった。

ぼくの
おもちゃー

酒《しゅ》池《ち》犬《けん》林《りん》

46

司馬遷によってまとめられた中国の歴史書『史記』に登場する一節にはこうある。「酒をもって池と為《な》し、犬を懸けて林と為し」犬を愛してやまない男が、来る日も来る日も酒びたりになり、林と見まごうほどたくさんの愛犬を周りに置いて刹那的に暮らしていたことから、だらしないまでに遊興を尽くすという意味に。現在はそれが転じて「犬がいっぱいいる部屋での盛大なホームパーティ」のことを指すようになった。犬好きの友だちが愛犬と共に集まって参加する、犬好きにとってはたまらないイベントである。実現できなくても、この言葉をいつも心に留めておき、犬まみれの部屋を夢想する幸せに包まれたい。

嗅ぎ放題＋飲み放題

パンフの写真とだいぶちがう

人事《じんじ》を尽《っ》くして犬《いぬ》を待《ま》つ

47

「それを造れば、きっと彼はやって来る」――映画『フィールド・オブ・ドリームス』で、主人公は謎の声を耳にして、トウモロコシ畑の中に球場を造り始める。そして本当に「彼」は現れる。そんな素敵な現象は、人と犬との間にも起こるのだった。ある、ひとり暮らしの女性。犬を飼いたいけどアパートで禁止されてるし……。と、犬への想いを胸に悶々としつつ、実直に仕事に励み、誰も見ていなくてもみんなが助かる些細なことをこなす日々。帰り道の公園に始末してない犬のウンチがあれば拾って持ち帰る。そんな生き方をして3年目、なんと、宝くじで2等が当たった！ そして憧れの、犬OKのマンションに転居。もちろんすぐに、保護動物のボランティア団体から犬がやってきた。

隣りの 隣りの お庭

鬼《おに》の目《め》にも犬《いぬ》

48

江戸の昔、人々から「鬼」と怖れられる、冷徹さで知られた悪代官がいた。彼は、農民からの年貢の取り立てに際して、いついかなる場合、どんな相手であろうが、一切情け無用ときびしく臨んでいった。災害などで米が収穫できず悲惨な状況の農家に行ってもそれは変わらない。足下にすがりつつ泣き叫ぶ主人がいてもきっちりと年貢を取り立てる。しかしある日、来る年も来る年も極貧にあえぐ農家を訪れた時のことだった。親子5人でつつましく食卓を囲んだそのちゃぶ台の横に、かわいい犬がいた。代官は、自分を見上げる犬の目が、家族を助けてあげてと言っているように思えた。すると、自然に涙が溢れ、年貢は一切取らずに帰っていったという。

桃太郎さん、
こいつ、
うちのナンバーワンっす。

生《う》みの親《おや》より育《そだ》ての犬《いぬ》

49

僕には母親が3人いる。生みの親とは4歳で生き別れ、32歳で再会するまで生きているかどうかさえ知らなかった。２番目の母は小学校入学と同時に家に来たが、２年も経たず結核で入院、僕は伯父の家に預けられ、母は数年の病院暮らしの末に他界する。その後、今の母が来るまでの2年間、父と犬と暮らしていた。父は仕事で帰りが夜中になるから、夕方から眠るまでは犬と2人の生活。毎晩、自分でインスタントラーメンを作り、テリアの雑種、ロックと並んで一緒に食べる。そして、2人でふとんに入りくっついて眠る。境遇を消化しきれていなかった僕だけど、ロックの顔を見るだけで、撫でているだけで、それまで味わったことのない幸福感に包まれていた。育ての犬がいたから。

50

鶴《つる》は千年《せんねん》、犬《いぬ》は万年《まんねん》

亀屋万年堂といえば〈お菓子のホームラン王〉「ナボナ」だが、それは置いといて。鶴の実際の寿命は20〜30年らしく、その長寿ぶりを「千年生きる」とデフォルメしたわけだ。そして犬はそのヒトケタ上、万年である。「え？ 10〜20年じゃないの？」。いえいえ違います。人と暮らして幸せを感じる犬、その犬と共に生き、犬と心を通じ合う喜びに満たされる人間。そんな犬と人間、どちらにも、その命を閉じる時は訪れてしまう。しかし。身体はこの世になくなっても、魂はいつまでも生きている。もし、犬が自分より先に天寿をまっとうしたとしても、愛した犬は、いつも天国から見守っていてくれる。万年、いや未来永劫。

犬とのくらしを心から楽しみたいのなら、
犬をしつけて人間らしく育てるなんて、
まったく意味がない。

考えるべきことは、
いかに人間が犬らしくなれるか、だ。

エドワード・ホーグランド（作家／アメリカ）

石黒謙吾

（著述家・編集者・分類王）

著書には、映画化されたベストセラー『盲導犬クイールの一生』、『2択思考』、“分類王”としての『図解でユカイ』ほか、『エア新書』『ダジャレ ヌーヴォー』『犬がいたから』『CQ判定 常識力テスト』『ベルギービール大全』など幅広いジャンルで多数。近刊著書は『分類脳で地アタマが良くなる』（KADOKAWA）。■プロデュース・編集した書籍も、『ジワジワ来る○○』（片岡K）、『負け美女』（犬山紙子）、『豆柴センパイと捨て猫コウハイ』（石黒由紀子）、『ネコの吸い方』（坂本美雨）、『ナガオカケンメイの考え』（ナガオカケンメイ）、『ザ・マン盆栽』『読む餃子』（共にパラダイス山元）、『凄い！ジオラマ』（情景師アラーキー）など200冊以上。

●ブログ「イシブログケンゴ」

雲がうまれる

（イラストレーター・ツイッタラー）

柴犬を中心に、犬の（ときに猫も一緒に）イラストとコピーをツイッターで投稿し続ける。犬好きのツボをつく、かわいさとせつなさが同居した作品が人気。2014年秋、かみさまと犬がやりとりしている作品を糸井重里氏がリツイートしてフォロワーが激増。その後〈ほぼ日刊イトイ新聞〉の、保護犬応援グッズのイラストに採用され、ライブドローイングのイベントも行う。あるある的な表情やしぐさとユーモラスなことばに、ほっこりしたり、うるっときたり。日々生み出す「はなちろ」「おばあわん」「もふれし」「柴充」「草テロ」「柴検」など、いやし系の造語も好評。著書に『犬しぐさ犬ことば』（小社刊）がある。

●ツイッター「雲がうまれる」@KatteniCampaign

STAFF
企画・文・編集……石黒謙吾
絵……雲がうまれる
デザイン……川名潤（prigraphics）
制作……ブルー・オレンジ・スタジアム

犬声人語《けんせいじんご》

2016年6月10日　初版発行

著者　石黒謙吾　雲がうまれる
発行者　佐藤俊彦

発行所　株式会社ワニ・プラス
〒150-8482 東京都渋谷区恵比寿4-4-9 えびす大黒ビル7F
☎ 03-5449-2171（編集）

発売元　株式会社ワニブックス
〒150-8482 東京都渋谷区恵比寿4-4-9 えびす大黒ビル
☎ 03-5449-2711（代表）

印刷・製本所　中央精版印刷株式会社

ISBN978-4-8470-9449-1

JASRAC 出 1604314-601